BEI GRIN MACHT SICH IHR WISSEN BEZAHLT

- Wir veröffentlichen Ihre Hausarbeit,
  Bachelor- und Masterarbeit

- Ihr eigenes eBook und Buch -
  weltweit in allen wichtigen Shops

- Verdienen Sie an jedem Verkauf

Jetzt bei www.GRIN.com hochladen
und kostenlos publizieren

Melanie Telkemeier

Ein Rechenmeister mit Folgen. Leben und Werk von Adam Rieß

GRIN Verlag

Bibliografische Information der Deutschen Nationalbibliothek:

Die Deutsche Bibliothek verzeichnet diese Publikation in der Deutschen National-
bibliografie; detaillierte bibliografische Daten sind im Internet über http://dnb.d-
nb.de/ abrufbar.

Impressum:

Copyright © 2014 GRIN Verlag GmbH
Druck und Bindung: Books on Demand GmbH, Norderstedt Germany
ISBN: 978-3-656-85622-1

Dieses Buch bei GRIN:

http://www.grin.com/de/e-book/285267/ein-rechenmeister-mit-folgen-leben-und-
werk-von-adam-riess

GRIN - Your knowledge has value

Der GRIN Verlag publiziert seit 1998 wissenschaftliche Arbeiten von Studenten, Hochschullehrern und anderen Akademikern als eBook und gedrucktes Buch. Die Verlagswebsite www.grin.com ist die ideale Plattform zur Veröffentlichung von Hausarbeiten, Abschlussarbeiten, wissenschaftlichen Aufsätzen, Dissertationen und Fachbüchern.

Besuchen Sie uns im Internet:

http://www.grin.com/

http://www.facebook.com/grincom

http://www.twitter.com/grin_com

Seminararbeit

im W-Seminar Latein „Mathematik in der Antike - Von Thales von Milet bis zu Leonhard Euler"

Adam Ries – ein Rechenmeister mit Folgen

Von

Melanie Telkemeier

Abgabetermin: 04.11.2014

Inhaltsverzeichnis

Vorwort:

Der Adam-Ries-Bund e.V. in Annaberg-Buchholz hat schon sehr viel über Adam Ries herausgefunden und dieses auch verschriftlicht.

Unser Thema des W-Seminars heißt „Mathematik in der Antike von Thales von Milet bis Leonard Euler".

Ich habe Adam Ries, der aus Staffelstein stammt, gewählt, weil er ein bedeutender Mathematiker aus der „Heimat" ist. Zudem hat unser Seminarleiter Adam Ries als ein mögliches Thema vorgeschlagen. Außerdem habe ich die heutige Adam-Ries-Stadt Bad Staffelstein aufgrund der Umgebung bspw. den Staffelberg sehr gerne und wollte deshalb herausfinden, weshalb er heute noch so bekannt ist und es zwei, bzw. drei Städte gibt, die in gewisser Weise seinen Namen tragen.

Weshalb ich jedoch dann auf den Titel „*Adam Ries ein Rechenmeister mit Folgen*" gekommen bin, hängt damit zusammen, dass ich durch das Nachforschen über Adam Ries immer wieder auf den Adam Ries Bund gestoßen bin und es sehr faszinierend finde, welche Bedeutung und Folgen Adam Ries und sein damaliges Leben auf unsere heutige Zeit hat.

Aufgrund des begrenzten Umfangs der Arbeit, kann ich nicht zu sehr ins Detail gehen und beziehe mich auf folgende zwei Schwerpunkte: Der eine bezieht sich auf seine Werke und Arbeit, der andere auf seine Präsenz heute.

Es gibt schon jetzt viele Quellen und Informationen über Adam Ries, vor allem von dem Adam Ries-Bund e.V.

Im Weiteren werden die Quellen (bis auf die Internetquellen) im Quellen- und Literaturverzeichnis ausführlich angegeben. Sie sind gegliedert unter Quelle 1 bis 18, damit diese nicht zu viel Platz wegnehmen und es nicht zu Missverständnissen kommt.

Genauso werde ich die Bilder nicht in den Fließtext einfließen lassen, sondern extra in einem Abbildungsverzeichnis aufzeigen, da mir das aufgrund der Übersichtlichkeit und Ordnung besser und schöner erscheint.

1. Adam Ries – Leben und Werk

1.1 Das Leben[1] des Adam Ries

1492 kam Adam Ries im heutigen Bad Staffelstein (nach eigenen Angaben des Rechenmeisters „Gemacht durch Adam Ries vonn Staffelsteyn")[2], als Sohn des Mühlenbesitzers Con(t)z Ries und dessen zweiter Frau Eva (geb. Kittle) zur Welt. Entweder wurde er in der Stockmühle an der Lauter geboren oder an der Stelle des „steinernen Hauses am Markt".

Staffelstein war zur Zeit von Adam Ries´ Kindheit eine Stadt mit vier Tortürmen und einer Stadtmauer mit Stadtgraben. Die Pfarrkirche St. Kilian und das Rathaus, Sitz eines Stadtmagistrats, waren herausragende Gebäude. Im direkten Umfeld des Pfarrhofes befand sich der Friedhof. Während des Angriffs des Ulla von der Weiden 1473 brannte die katholische Pfarrkirche nieder.

Bereits einige Jahre zuvor waren die Truppen des Markgrafen Albrecht I., Achilles von Ansbach (1414 – 1486) über die Region des Obermaintals hergefallen. Deshalb begann die Bevölkerung ab 1460 die Stadtmauern auszubessern und wehrhaft zu verstärken.

Sicherlich erzählte ihm sein Vater Contz Ries, wie das Vermessen dieser Gräben und die Bewältigung der Bodenbewegungen vorsichgingen. Noch bei späteren Gerichtsverhandlungen war dieses Vorgehen von Landvermessern und Baumeistern im Gedächtnis der Bürger geblieben.

Der Wiederaufbau und die Vollendung der Kirche, einer damals modernen Hallenkirche im spätgotischen Stil, musste auf einen kleinen Jungen wie Adam Ries Eindruck gemacht haben.

In seiner unmittelbaren Umgebung erlebte er die Feindseligkeiten der Feudalherren untereinander, Erhebungen der Stadtbewohner und der Bauern, sowie die Streiks der Bergleute. Zudem war er Zeitgenosse der Konfrontationen zwischen Katholiken und Protestanten. Die neue Gesellschaft wurde von einem glanzvollen

---

[1] Vgl. http://www.adam-ries-bund.de/index.htm?publikationen/
abakus.htm; http://www.adam-ries-bund.de/index.htm 26.09.2014, 19:45h
[2] Vgl Quelle 14, S. 15

Aufschwung des Handwerks und Gewerbes, sowie dem Aufblühen der Städte, als auch durch die Entfaltung der Künste und Wissenschaft geprägt.

Von seiner Kindheit und Jugendzeit sind nicht viele Informationen vorhanden. Dies könnte daran liegen, dass 1525 der große deutsche Bürgerkrieg tobte und dadurch viele Dokumente und Urkunden verbrannt oder verloren gegangen sind. Somit wurde Ries im Jahre 1517 das erste Mal urkundlich erwähnt. Bekannt ist jedoch, dass er zwei Halbbrüder, eine Halbschwester, drei Vollschwestern, sowie einen Vollbruder hatte. Letzterer besuchte in Zwickau die Lateinschule und starb 1517 noch als Schüler.

Ob Adam Ries eine Schule besucht, oder ob er sogar Privatunterricht erhalten hatte, ist bisher noch unklar. Sicher jedoch ist, dass er die lateinische Sprache beherrschte, denn zur damaligen Zeit waren alle mathematischen Bücher in lateinischer Sprache verfasst. Daher musste man, um Rechenmeister werden zu können, diese begreifen und ausüben können.

Adam Ries lebte nach dem Tod seines Vaters (1509) mit seinem Bruder Conrad in Zwickau. 1517 hielt er sich, um sein Erbe (vom verst. Vater als auch Bruder Conrad) anzutreten, in Staffelstein auf.

Von 1518-1522/23 lebte er in Erfurt und machte dort die Bekanntschaft mit dem Arzt und Universitätsgelehrten Georg Stortz (aus Annaberg stammend). Dieser stand ihm stets als Berater zur Seite und drängte ihn, selbst Rechenbücher zu verfassen. Stortz war nicht nur ein Freund Adam Ries´, sondern öffnete ihm das Tor zur Welt der Wissenschaften.

Man nimmt an, dass Adam Ries das erzgebirgische Wirtschaftsleben, besonders den Bergbau, schon in jungen Jahren kennengelernt hat.

Zwischen 1518 und 1522 verfasste er eine Art Münzrechenbuch „Beschickung des Tiegels…“. Daher wird davon ausgegangen, dass er durch die Freundschaft mit dem Annaberger Probierer Hans Conrad, das Erschmelzen von Metallen aus dem Erz, das Legieren von Metallen, sowie das Prägen von Münzen sowohl beobachtet, als auch gelernt hat.[3]

Sein erstes Rechenbuch wurde 1518 bei Matthes Maler in Erfurt gedruckt. Dort folgte 1522 schon der Druck des zweiten Rechenbuches.

---

[3] Vgl. Quelle 14, S.9-19

Anschließend begann er mit seiner Arbeit an der „Coß". Die erste Fassung schloss er 1524 ab.

1522/23 übersiedelte er zur damals zweitgrößten Stadt Sachsens Annaberg, dem bedeutenden Bergbauzentrum mit rund 12000 Einwohnern. Hier heiratete er 1525 Anna Lewber. Aus dieser Ehe gingen fünf Söhne hervor.

Er legte den Bürgereid [4]ab und kaufte sich ein Haus in der Johannisgasse.

Von 1529-1537 war er als Rezessschreiber tätig. 1532 arbeitete er am Annaberger Bergamt als Gegenschreiber[5], und von 1533 bis 1539 als Zehntner im Bergamt Geyer.

1533 verfasste er die „Annaberger Brotordnung".

Im 16. Jhd. durfte jeder eine Rechenschule auch ohne staatliche Prüfungen eröffnen, der erfolgreich Rechenkünste vermitteln konnte, auch wenn er sie nur autodidaktisch erworben hatte.

Adam Ries gründete vermutlich 1522 eine Rechenschule in Erfurt. Leider fehlen Urkunden und weitere Nachweise über seine Tätigkeiten in dieser Stadt. Dort lehrte er anhand des Abakus` seinen Schülern das Rechnen.

Hauptsächlich waren es angehende Kaufleute, die von ihm unterrichtet wurden.

Die Riesenburg, bekannt als „Vorwercks bey der wisen", welche später seine Rechenschule wurde, kaufte er 1539 in Annaberg. 1541 arbeitete er als Gegenschreiber für die „Fröhliche Gesellschaft". An der zweiten Fassung seiner Coß arbeitete er ab 1544 sechs Jahre lang.

Seine Practica „Rechnung nach der lenge…" erschien 1550 in Leipzig.

Wahrscheinlich ist er am 30.03.1559 in Annaberg gestorben.

---

[4] Voraussetzung um die Bürgerrechte einer Stadt zu erhalten,
vgl. http://u01151612502.user.hosting-agency.de/malexwiki/index.php/B%C3%BCrgerrecht;
Stand: 26.09.2014, 20:01h
[5] Vgl. http://www.silberberg-davos.ch/PDF_BK/BK_67.pdf; 26.09.2014, 21:32h, er musste das Gegenbuch führen in dem alle „Gewercken" und „Kuxen" (= Gewährscheine) aufgeschrieben waren.

1.2 Seine Werke[6]

Aufgrund der vorgegebenen Seitenzahlen werde ich nur eine Kurzerklärung zu jedem seiner Bücher schreiben. Weitere Ausarbeitungen der Werke würden den Rahmen der Seminararbeit sprengen.

Die Werke von Adam Ries sind – außer seiner „Coß" – bis auf wenige Ausnahmen, nur Abschriften von dritter Hand (Raubkopien). Da er als einziger ein Privileg von Kaiser Karl V. erhalten hatte, seine „Practica" als einziger verlegen lassen zu dürfen. Allerdings bekam er dieses erst nachdem er es zweimal beantragt und Gelehrte der Universität Leipzig dieses Buch empfohlen hatten.

Zudem muss erwähnt werden, dass am meisten Aufmerksamkeit und Pflege die Originalmanuskripte seiner „Coß" bekamen.

Adam Ries verfasste insgesamt vier Rechenbücher, sowie die Annaberger Brotordnung, die im Folgenden aufgelistet sind.

1.2.1 „Rechenung auff der linihen…"[7]

„Rechenung auff der linihen // gemacht durch Adam Riesen vonn Staffel- // steyn/ in massen man es pflegt tzu lern in allen // rechen-schulen gruntlich begriffen anno 1518."[8]

Dieses Werk wurde 1518 vollendet. Vier Auflagen wurden in den Jahren 1518, 1525, 1527 und 1530 in Erfurt, der damals berühmten Druckerei „Zum schwarzen Horn"[9], gedruckt. Von der ersten Auflage gibt es leider kein einziges Exemplar mehr, zumindest wurde bisher noch keines aufgefunden.[10]

Inhalt dieses Werkes sind die vier Grundrechenarten, sowie der heutige Dreisatz „Regula de Tri", als auch Wertrechnungen.

Adam Ries gab seinen Schülern an, wie sie die Aufgaben zu rechnen hatten. Er erklärte allerdings nicht, weshalb dies so gemacht werden musste. Der Schüler musste sich einfach mit den Vorgaben abfinden, was zur Folge hatte, dass er nur

---

[6] Vgl. Quelle 9
[7] Abb. 2 Deckblatt des 1. Rechenbuches
[8] Vgl. Quelle 2 S. 18
[9] Vgl. Abbildung 11
[10] Vgl. Quelle 14, S. 60

mechanisch rechnete und nicht selbständig nachdachte bzw. forschte, wie man die Rechnungen lösen könnte. [11]

1.2.2 „Rechnung auff der linihen und federn..."[12]

„Rechnung auff der Linien und Federn/ Auff allerley Handtierung/ Gemacht durch Adam Risen. "

Dies war sein zweites Rechenbuch. Es wurde erstmals 1525 in Erfurt, letztmals 1656 in Frankfurt/Oder gedruckt[13] , insgesamt sind vierzehn Druckorte[14] bekannt. Es wurde bis zu 200 Jahre in deutschen Schulen danach gelehrt.

Also arbeiteten drei bis vier Generation mit diesem Buch. Wahrscheinlich deshalb wurde Ries als „des teutschen Volkes Rechenmeister" bezeichnet.

Durch dieses Werk wurde er am berühmtesten, gerade weil bis zu drei Generationen nach ihm noch danach in deutschen Schulen gelehrt wurde.

Ries betrachtete die Rechenarten – das Rechnen auf den Linien und das schriftliche Rechnen, sowohl mit römischen als auch indisch-arabischen Ziffern – als eine methodische Einheit. Er sah den Weg vom Abakusrechnen bis hin zum Ziffernrechnen als erfolgversprechend, gerade auch für die Pädagogik.

1.2.3 Die „Coß"[15] von Adam Ries

Der Name „Coß" stammt vom italienischen Wort „*cosa*" ab und bedeutet „Ding" oder „Sache". Dieses Substantiv ist eine Bezeichnung für die gesuchte Größe, die in Gleichungen zu bestimmen ist. Vergleichbar ist es mit unserer heutigen Be-

---

[11] Vgl. Quelle 15, S. 179 f.
[12] Vgl. Quelle 12, http://bvbm1.bib-bvb.de/webclient/ DeliveryManager?custom_att_2=simple_viewer&pid=141214 Stand 26.09.2014 um 21:09h; Abbildung 1 und Abbildung 3
[13] Vgl. Quelle 15, S. 60
[14] Vgl. Quelle 18, S.42
[15] Der gesamte Abschnitt 2.1.3 hat die Quellen: Quelle 15, S. 45; Quelle 16 , S. 167-170
Mit dem Wort "Coß" werden arithmetische Schriften des 15./16. Jahrhunderts bezeichnet, die nicht nur Sammlungen von Beispielaufgaben enthalten, sondern als erste Stufe zu den Lehrbüchern allgemeine Lösungen suchen und bereits mathematische Symbole und Kunstwörter verwenden. (Definition übernommen von Quelle: http://www.adam-ries.de/ries02.htm)
Abbildung 6 Die Handschrift zur Coß ist zugleich auch das Deckblatt dieser

zeichnung für die Variable „x". Adam Ries bezeichnete sie auch mit Radix, Wurzel oder Ding. [16]

Die Gleichungslehre, welche auch in der „Coß" von Adam Ries bearbeitet wurde, stammte ursprünglich aus Südosten und gelangte durch Muslime nach Westeuropa. Die wesentlichen Grundtypen stammen aus einem Lehrbuch „al-Kitâb al-muhtasar fî hisâb al gabr wa-l-muqâbala", welches von dem Muslim Muhammad ibn Mûsâ al-H̱wârizmi (vor 800 – nach 847) verfasst wurde. Auf diesen ist auch die Gleichungslehre zurückzuführen, die sich in Europa ausbreitete. Vor allem in den Bibliotheken von Benediktinerklöstern wurden viele dieser Texte aufbewahrt. [17]

Wie bereits erwähnt, begann Adam Ries 1522 mit der Arbeit an seiner „Coß". Diese ist eine theoretische Schrift über Algebra. In ihr wird erstmals nachweisbar ein Wurzelzeichen verwendet.

Seine Erstfassung, bzw. der erste Teil davon wurde von ihm in Erfurt verfasst. Diese beendete er, trotz über 320 praktischer Rechenbeispiele, obwohl diese noch nicht vollständig war „*Am Freytag nach Judica im Jar 1524*"[18] (18. März) in Annaberg.

Die „Coß" war für Adam Ries wohl das bedeutendste Werk, was er geschrieben hatte. Schließlich war sie eine lebenslange Arbeit, was anhand der unterschiedlichen Handschriften in der „Coß" zuerkennen ist. Wahrscheinlich hat er deshalb auf den Seiten 329 und 330 seinen Söhnen (Adam, Abraham, Iacob, Isaac und Paulo) diese als Erbe vermacht. [19]

Das zweite Manuskript, vermutlich entstanden zwischen 1544 und 1550 mit dem Vermerk: „*Adam Riesens (…) Anno 1524 aufgesetzte und mit eigener Hand geschriebene, aber niemals publicierte Coß*"[20], legte er seinem ältesten Sohn Abraham besonders nahe. Vermutlich hoffte er, dass Abraham dieses vollenden und drucken lassen würde. Dieser arbeitete tatsächlich an den Manuskripten, was in der Sächsischen Landesbibliothek in Dresden belegt ist.

Die „Coß" gelangte über viele Hände letztendlich 1656 zu Martin Kupffer, welcher die Manuskripte 1664 schließlich binden lies und dem Werk ein Titelblatt

---

[16] Vgl. Quelle 17, S. 30
[17] Vgl. Quelle 17, S. 171f.
[18] Vgl. Quelle 16, S. 167
[19] Vgl. Quelle 17, S. 114
[20] Vgl. Quelle 16, S.168

verlieh. Auf Seite 187 der „Coß" gibt er Hinweise darauf, dass einige Aufgaben von ihm selbst stammen: *„Volgende exempel seint eynes teylß Durch Hansenn Conrad probirer Zw eyßleyben gmacht, eynes teyls auch Durch Hansenn bernegker zu leiptzik etwan Rechenmeister do selbest vnd darzu etzliche von mir Adam Riesenn…"*[21]

1.2.3.1 Was versteht man unter Rechenmeister und Cossist?

„Rechenmeister bezeichnet einen mittelalterlichen Beruf, der in der frühen Neuzeit besondere Bedeutung erlangte."[22]

Adam Ries war Rechenmeister und wurde sogar als „Rechenmeister des deutschen Volkes" [23]bezeichnet, wahrscheinlich weil er einer der bedeutendsten Rechenmeister in Deutschland war. Denn er brachte vielen Generationen durch seine Rechenbücher, aber gerade durch sein zweites Rechenbuch, das Rechnen bei.

Mit der „Coß" vollendete er ein algebraisches Werk, welches allerdings – wie alle seine Werke - nicht selbst erfunden war, sondern die Informationen und Erkenntnisse der frühen Mathematiker, wie bspw. Archimedes, zusammengefasst hatte.

Ein „Cossist" war in der frühen Neuzeit die Bezeichnung für jemanden, der algebraische Aufgaben rechnete und diese in einem Werk – „Coß" – zusammenfasste.

Die „Coß" von Adam Ries beinhaltete Arithmetik, Wurzelrechnung, das Stellenwertsystem, Klammerrechnen, Rechnen mit Maßen und Gewichten, Division von Polynomen, acht Gleichungsregeln/Gleichungen der Algebra, Lösungsmethoden wie bspw. bx = a, und Beispiele, bzw. Aufgaben nach Andreas Alexander[24], sowie viele Rechenaufgaben zur Erläuterung und Übung unterschiedlicher Themen.

---

[21] Vgl. Quelle 16, S. 56
[22] http://www.fremdwort.de/suchen/bedeutung/Rechenmeister; 04.10.2014; 00:28h
[23] Quelle 14, S. 9
[24] Vgl Quelle 16, S. 34-144

1.2.4 „Rechnenung nach der lenge/auff der Linihen und Feder…"
= Die „Practica"

Sie erreichte zwei Auflagen und wurde von Carolus Ries, dem Enkel von Adam Ries, 1611 veröffentlicht.

Das einzige Porträt von Adam Ries, ein Holzschnitt, schmückt das Titelblatt.

Die „Practica" gilt als sein umfangreichstes Werk, welches er schon sehr früh fertiggestellt hatte. Es wurde jedoch erst 25 Jahre später mit viel Mühe zum Druck gebracht, wohl wegen der hohen Druckkosten.

Sein drittes Rechenbuch beinhaltet ebenfalls die vier Grundrechenarten. In diesem Werk verwendete er ausschließlich die indisch-arabischen Zahlen, wobei er hier die Null besonders heraushob und führte für die Verdeutlichung viele Beispiele an. Nach Einführung der Ziffern ging er wieder an das Abacusrechnen und dem Rechnen auf der Linien über. Er beschrieb wie das Rechnen mit und ohne Rechenbrett vor sich ging. In diesem Werk verwendete er auch die Neunerprobe, schon nachweisbar bei al-Chwarizmi, und die Siebenerprobe.

1.2.5 „Das gerecht Büchlein"=„Annaberger Brotordnung"

Die Brotordnung von Adam Ries wurde 1533 in Annaberg im Auftrag des Rates verfasst und 1536 gedruckt. Sie ist im „Handbuch des Rates 1505 – 1525"[25] enthalten. Denn zu diesem Zeitpunkt wurde ein Einheitsmaß für Brot und Brötchen festgesetzt, bzw. gab es von Region zu Region verschiedene Preiseinheiten. Damit niemand betrogen werden konnte, wurden Brotordnungen in allen möglichen Orten verfasst.

Die Brotordnung von Adam Ries wurde von vielen Städten in Obersachsen übernommen. Damals war es so üblich, Brotordnungen von anderen Städten zur Vorlage oder zum Vergleich für die eigene Brotordnung heranzuziehen,.

---

[25] Quelle 11, S. 56; ist eine die Arbeit des Rates betreffende Sammlung von Statuten, Verordnungen, Festlegungen, Gesetzen u.ä.

Da die Brotordnung von Adam Ries jedoch so gut war, wurde diese von andren Städten akzeptiert.

Der eigentliche Grundgedanke, der hinter der Brotordnung stand, war jedoch, dass die Armen weiterhin ihr Brot kaufen konnten. Außerdem unterstützte er auch das Interesse der Bäcker, die somit einen gleichmäßigen Verdienst hatten und die Möglichkeit, sich durch schwankende Getreidepreise Vermögen zu schaffen.

Den Bäckern wurde nahegelegt, „sich an die Vorgaben der Ries'schen Tabellen zu halten."[26] Um nicht straffällig zu werden, wenn sie versuchten, sich durch ein falsches, geringeres Brotgewicht zu bereichern, verlangten die Städte von den Bäckern einen besonderen Eid, den Bäckereid.[27] Dieser war jährlich mit erhobenem Finger dem jeweiligen Rat zu leisten. So gab es bspw. einen Bäckereid von Annaberg (ca. 1510 erstellt) und von Leipzig (1544).

In diesem Eid waren die Verpflichtungen der Bäckermeister, sowohl Brot als auch Brötchen, nach einem gerechten Gewicht zu backen, „das es der Heller wert sei."[28]

„Die Bäcker sollen alle Wochen drei Stunden die städtischen Brotbänke besetzen und Pfennigbrote backen. Sie sollen nicht mehr als zwei Mästungen im Jahr tun und je nicht mehr als 12 Schweine mästen. Auch soll die Zeile Semmeln nicht mehr als 6 Semmeln haben, sie sollen für jedermann hausbacken."[29]

Der Schlusssatz des Eides beinhaltete die Strafe für das Backen von zu kleinen Broten: „wer wider die Ordnung bäckt und zu klein, hat eine Buße von 18 Groschen zu geben."[30] Außerdem wurde das Brot vom Rat beschlagnahmt und ins Spital gegeben, falls ein Bäcker gegen diese Ordnung verstoßen hatte.

Zwischen 1539 bis ca. 1557 wurden in Zwickau drei, in Hof Regnitz eine, in Leipzig eine und in Weißenfels nach Vorgabe der Leipziger Brotordnung von Adam Ries, ebenfalls eine Brotordnung von Adam Ries mit Probebacken verfasst.[31]

Die Tabellen der Annaberger Brotordnung galten für das „Pfennigbrot", das „Halbgroschenbrot" und die „Semmeln."[32]

---

[26] Quelle 12, S. 279
[27] Vgl. Quelle 11, S. 51 f., 56 ff., Abb.
[28] Quelle 11. S. 56
[29] Quelle 11, S. 56 f.
[30] Quelle 11, S. 57
[31] Vgl. Quelle 12, S. 280
[32] Quelle 12, S. 279

Es gab auch gesonderte Broteinheiten wie „Zweyling, Schwertg[groschen] vnd ander Brot".[33]

Anpassungen der verschiedenen Brotordnungen waren notwendig, weil unterschiedliche Brote und Gebäckstücke gebacken wurden. Zudem mussten die unterschiedlichen Nebenkosten, sowie die örtlichen Gegebenheiten berücksichtigt werden. Bspw. wurde das Pfennigbrot in Annaberg nur aus Korn, in Zwickau stattdessen aus einem Teil Weizen und zwei Teilen Korn gebacken.[34]

Der „Weizenpreis von 29 Groschen für den Scheffel bei 9 Lot"[35] wurde 1514 in Annaberg in der vom Rat neu erlassenen „Ordnung In Radt die Becken belangend"[36] festgesetzt. Da die Getreidepreise stark schwankten, mussten die Brotordnungen immer wieder aktualisiert werden.

2. Mathematik vor Adam Ries

Die indisch-arabischen Zahlen[37], das Zehnersystem, die Grundrechenarten, das Einmaleins, als auch der Dreisatz „regula de tri", quasi alles was Adam Ries in seinen Rechenbüchern beschrieb oder darbot, existierte auch schon lange bevor er Rechenmeister wurde. Er hat all das und vieles mehr in seinen Rechenbüchern ausführlich erklärt, beschrieben und die Aufgaben in deutscher Sprache verfasst. In seinen Rechenbüchern hat er die Aufgaben so erklärt, dass jeder - egal ob es ein guter Mathematiker, Bergbeamter, Schüler, oder einfacher Bürger war – diese verstehen konnte.

---

[33] Quelle 11, S. 56
[34] Quelle 12, S. 279
[35] Quelle 11. S. 57
[36] Quelle 11. S. 57
[37] Die indisch-arabischen Zahlen wie wir sie heute kennen sind den westarabischen Zahlen sehr ähnlich und stammen von diesen ab. Seit dem 13. Jhd. Sind sie in deutschen Klöstern vorhanden, aber erst im 15. Jhd. begannen sie sich auch praktisch durchzusetzen, jedoch zuerst in Italien. Erst Mitte des 15 Jahrhunderts begannen sie ihren Siegeszug durch Deutschland. Adam Ries war einer von vielen Rechenbuchautoren, der die indisch-arabischen Zahlen verwendete und mit ihnen das Rechnen lehrte. Vgl. Quelle 10, S. 66: 1.5 Altindische Mathematik
Quelle 10, S. 183: 3.2.1 Historisches. Zahlenschreibweise; 03.10.2014 22:30h; Quelle 15, S. 1;
Vgl. Quelle 13, S. 232; Quelle 15, S 155, sowie Quelle 14; S.43

2.1 Die vier Grundrechenarten

Sie wurden lange Zeit schon vor Adam Ries verwendet. Allerdings hat Adam Ries die vier Grundrechenarten in seinen Werken erklärt und vor allem in seiner Schule gelehrt, wie sie auf dem Rechenbrett – Abakus [38]- gerechnet wurden. Erst im 15.Jhd. wurden aufgrund des immer mehr voranschreitenden Handels die Münzen eingeführt und mit ihnen gerechnet.

Nun werde ich Ihnen anhand von Beispielen erklären, wie Adam Ries die Grundrechenarten am Abakus erläutert hatte.

2.1 Das Addieren:

Bsp.: $7 + 5 =$

Es wurde in der linken Spalte des Abakus eine Münze – „calculi" auf das Feld (spacium) „V" und zwei auf die Linie „I" gelegt. In der mittleren Spalte wurde dann eine Münze auf das Feld „V" gelegt – denn fünf sollte dazu addiert werden. Nun wurde die Münze, welche sich in der mittleren Spalte befand, nach links in das Spacium „V" geschoben. Schließlich hatte man zwei Münzen in diesem Feld. Nun hob man eine dieser zwei Münzen auf und schob die andere auf die Linie oberhalb des Feldes, nämlich auf die Linie „X". Dann zählte man alles zusammen $(X + II)$ und erhielt 12.

2.2 Das Subtrahieren

Bsp.: $50 – 12 =$

In der linken Spalte wurde eine Münze in das Feld „L" gelegt. Das zu Subtrahierende wurde in die rechte Spalte, eine Münze auf die Zeile „X" und zwei Münzen auf die Zeile „I" gelegt.

---

[38] Der Abakus war ein Rechenbrett, mit dem in der frühen Neuzeit gerechnet wurde es war aufgeteilt in Linien und Spalten (spacia), vgl. Abb.

Da es schwierig war, nun zwölf von den fünfzig abzuziehen, wurde die Münze von „L" mit weiteren vier Münzen auf die Zeile „X" gelegt. Ein „calculi" wurde dann von der Zeile „X" wieder weggenommen und zusammen mit einem zweiten „calculi" in das „spacium V" gelegt. Von diesen beiden wurde dann wieder eine weggenommen und gemeinsam mit vier weiteren Münzen auf die Zeile „I" gelegt, so dass nun in der linken Spalte auf der Zeile „X" vier Münzen, im „spacium V" eine Münze und auf der Zeile „I" fünf Münzen lagen.

Das Abziehen wurde so vollzogen, in dem man die gleichen Münzen in der linken Spalte wegnahm, welche man zu Beginn in die rechte gelegt hatte. Nun war es ein Leichtes, zwölf von fünfzig abzuziehen.

Die Münzen in der rechten Spalte wurden ebenfalls mit weggenommen und man hatte nur noch in der linken Spalte Münzen liegen. Drei auf „X"; eine auf „V" und drei auf „I". Das Ergebnis lautete dann 38.

2.3 Das Multiplizieren

Bsp.: Aufgabe 12 x 12 =

Man legte eine Münze auf die Zeile „X" und zwei Münzen auf die Zeile „I" in der linken Spalte. Da die Aufgabe nicht auf einmal gelöst werden konnte, wurde die Aufgabe aufgeteilt:

Es wurde 12 x 10 und 12 x 2 gerechnet. Für die 12 x 2 wurden in die mittlere Spalte zwölf noch zweimal gelegt.

Für die 12 x 10 wurden die Münzen in der linken Spalte alle um eine Zeile („spacium") nach oben geschoben, (also um mal zehn nach oben), so dass jetzt auf der Zeile „C" eine Münze und auf „X" zwei Münzen lagen.

Die Münzen der mittleren Spalte wurden dann einfach zu den Münzen in der linken Spalte geschoben und zusammengezählt. So erhielt man am Ende das Ergebnis von 144.

2.4 Das Dividieren[39]

Bsp.: Aufgabe 9/3

In der linken Spalte legte man auf die Zeile „I" vier und in das „spacium V" ein „calculi". Danach legte man in die mittlere Spalte auf die Linie „I" drei Münzen. Nun war erkennbar, dass es schwierig war, die Zahl durch drei zu teilen. Deshalb wurde die Münze von „V" aufgeteilt. Man legte also diese und vier weitere Münzen auf die Zeile „I". Jetzt waren es neun Münzen auf der Zeile „I".

Dann musste man nur noch dreimal drei Münzen von diesen neun entfernen. Die Münzen in der mittleren Spalte wurden ebenfalls mit weggenommen.

Für je drei Münzen in der linken Spalte wurde eine in der mittleren Spalte mit weggenommen. Dies geschah so lange, bis keine Münze mehr in der mittleren Spalte war. Das Ergebnis lautete dann drei.

3. Mathematik des Adam Ries

3.1 Adam Ries als Rezessschreiber

Zuerst möchte ich Ihnen die Aufgaben eines Rezessschreibers darlegen.

Er prüfte Bergbaurechnungen, berechnete Förderquoten und musste eine Aufstellung mit dem aktuellen Stand des Bergwerkbesitzes an den Regalherren vierteljährlich abgeben. [40]„Der Rezessschreiber (auch Rezeßschreiber, Receßschreiber) war ein Bergbeamter, der im Mittelalter und in der frühen Neuzeit am Bergamt bis zur Abschaffung des Direktionsprinzips die Tätigkeit eines Buchhalters ausübte. Die Aufgaben des Rezessschreibers waren sehr umfangreich und erforderten ein fundiertes Wissen über den Bergbau sowie gute **Mathematikkenntnisse.**

Der Rechenmeister Adam Ries war 1524 als Rezessschreiber beim Bergamt Annaberg und von 1527 bis 1536 als solcher beim Bergamt Marienberg angestellt."[41]

Die Aufgaben eines Rezessschreibers waren „den Gewerken jedes Quatembers" über die betrieblichen Vorgänge einen Bericht zu verfassen.

---

[39] Beim Dividieren wurde ab dem Zeitpunkt ab dem keine gerade Zahl mehr möglich war, mit dem Euklidischen Algorithmus weitergearbeitet. Dieses Verfahren wird in Euklids 7. Buch der Elemente beschrieben.
[40] Quelle 11
[41] http://de.wikipedia.org/wiki/Rezessschreiber; 4.10.2014 0:08h

So musste er Rezesstabellen über das jeweilige Bergwerk erarbeiten und die Ergebnisse in das vorgesehene Rezessbuch schreiben. In diesem wurden zum einen die wöchentlich ausgezahlten Löhne der Schichtmeister aufgezeichnet, als auch die Preise für die geförderte Erzmengen erfasst. Der Rezessschreiber war verpflichtet, die erstellten Bergberechnungen der Gruben, welche die Schichtmeister berechneten, sowie die in das Hüttenregister eingetragenen Erzlieferungen jedes Bergwerks, zu kontrollieren und gegebenenfalls zu korrigieren.

4. Adam Ries – seine Präsenz heute

Er ist heute noch durch das Sprichwort: „Das macht nach Adam Riese..." bekannt. Es ist noch immer in Gebrauch, um zu bestätigen, bzw. besonders zu betonen, dass eine Rechnung richtig gelöst wurde.

Die Gründe für seinen Ruhm sind sehr unterschiedlich. Zum einen, weil seine Rechenbücher über zweihundert Jahre an deutschen Schulen zum Lehren verwendet wurden.

Adam Ries ist besonders heute durch den Adam-Ries-Bund e.V. Annaberg-Buchholz sehr präsent, was ich Ihnen im Weiteren aufzeigen werde.

4.1 Der ADAM-RIES-Bund e.V.

Der ADAM-RIES-Bund wurde zu Ehren des Adam Ries am 3.10.1991 im Sitzungssaal des Rathauses in Annaberg-Buchholz gegründet. Dessen Vorstandschaft bestand aus 11 Personen, dem Direktor des ADAM-RIES-Museums in Annaberg-Buchholz, sowie je einem Beisitzer aus Staffelstein und Erfurt.

Der Adam-Ries-Bund e.V. versteht sich noch heute als „Vereinigung der Nachkommen des Adam Ries."[42] Zudem gilt er als Verein, der gemeinnützige Ziele verfolgt und ist im Annaberger Kreisgericht im Vereinsregister unter der Nr. 171 eingetragen.

---

[42] Quelle 14, Seite145/146

Mitglieder können jeder Riesforscher, alle Nachfahren von Adam Ries, als auch diejenigen werden, die am ADAM-RIES-Bund Interesse haben und bereit sind, diesen Verein tatkräftig zu unterstützen.

Die Aufgaben des Bundes sind:

- Der Aufschluss, sowie die Vermittlung der wissenschaftlichen Leistung und des humanistischen Wirkens Adam Ries´, in enger Zusammenarbeit mit dem Adam-Ries-Museum in Annaberg-Buchholz.

- Die im Zusammenhang mit dem Leben und Arbeiten des Rechenmeisters stehenden Veranstaltungen und Publikationen zu fördern.

- Organisation und Unterstützung des Adam – Ries - Schülerwettbewerbes[43]

- Ausrichtung wissenschaftlicher Kolloquien.

Das Ziel des ADAM-RIES-Bundes ist, das nationale kulturelle Erbe, welches in den Tätigkeiten, sowie Werken des Rechenmeisters Adam Ries seinen Ausgangspunkt hat, zu bewahren.

Zudem wurden vom Adam-Ries-Bund viele Werke verfasst, wie beispielsweise „Die Annaberger Brotordnung von Adam Ries", „Zur Wirkungsgeschichte der Brotordnung von Adam Ries", sowie die jeweiligen Kolloquien. Diese sind auf Bestellung oder beim Adam-Ries-Bund in Annaberg, sowie im Museum erhältlich. Im Anhang finden Sie einige Abbildungen der Werke.

4.2 Die Kolloquien des ADAM-RIES-Bund e.V.

Der ADAM-RIES-Bund veranstaltet jährlich ein bis zwei wissenschaftliche Kolloquien in Annaberg-Buchholz.

Auch in diesem Jahr fand vom 11.04. – 13.04.2014 wieder ein Kolloquium [44]statt. Das Thema des diesjährigen Kolloquiums war „Arithmetik, Geometrie und Algebra in der frühen Neuzeit".

Es waren verschiedene Redner anwesend, welche über Karthographie, „Galileis compasso geometrico e militare", über Zahlentafeln in der Fassmessung des 15.Jahrhunderts, sowie über Alfred Dürer (Geometrie) und arabisch-lateinische

---

[43] Wettbewerb der 5. Klassen der Gymnasien in Oberfranken,Sachsen, Thüringen und Tschechien. Er wird seit 1981 durchgeführt.
[44] Abbildung 14 und 15 zeigen das Programm des Kolloquiums.

Rechenkunst des Mittelalters Vorträge hielten. Dies war nur ein kleiner Teil der Vorträge, die an diesem „Seminar" gehalten wurden.

Bei diesen Kolloquien geht es um Mathematik, das Wirken und Arbeiten des Adam Ries und die frühe Neuzeit im Hinblick der Mathematik.

Die Kolloquien werden aufgrund von Nachforschungen und der daraus resultierenden Errungenschaften für die Weiterentwicklung der Informationen über Adam Ries abgehalten.

Der Adam Ries Bund hat schon sehr viel über Adam Ries verschriftlicht, aber nicht nur das, auch alle Kolloquien die abgehalten wurden enden als Buch, welches man sich erwerben kann. So hat der Adam-Ries-Bund „Die Annaberger Brotordnung von Adam Ries"[45], sowie viele andere Werke verschriftlicht. Von einem Teil dieser Werke sind im Anhang die Cover abgebildet.

Somit ist der Adam-Ries-Bund e.V. eine sehr einflussreiche und wichtige Folge von dem weltberühmten Adam Ries, denn ohne ihn, gäbe es weder diesen gemeinnützigen Verein, noch das Adam-Ries-Museum in Annaberg-Buchholz. Dieses Museum ist auf jeden Fall eine Reise wert um in die Zeit des Adam Ries einzutauchen und eventuell, wenn man zu dem Zeitpunkt anwesend ist, an dem eines der Kolloquien stattfindet, auch daran teilzunehmen.

4.3 Der Adam Ries Wettbewerb

Der Adam-Ries-Wettbewerb ist ein mathematischer Wettstreit für Schüler der 5. Klasse, die mathematisch und historisch interessiert sind.

Durch ihn werden die Ziele verfolgt, das Wissen und Geschick beim Lösen problematischer Aufgaben zu fördern, mathematisches Interesse zu wecken, die Freude am Knobeln und Rechnen zu vermitteln, Anregungen zum historischen Streifzug in die Regional- und Mathematikgeschichte zu geben, die Neugier auf alte deutsche Maß- und Geldeinheiten hervorzurufen und sich altersgerecht mit dem Werk von Adam Ries zu befassen.

---

[45] Abb. 8

Der Wettbewerb soll dazu beitragen, das nationale kulturelle Erbe, welches im Schaffen des Rechenmeisters Adam Ries Ausdruck findet, zu bewahren und eine Verbindung zwischen den Städten Erfurt, Staffelstein und Annaberg herzustellen.

Der Wettbewerb wird bereits seit 1981 durchgeführt, im Jahre 2006 feierte der Adam Ries-Bund sein 25-jähriges Bestehen. Zugleich wurde der 15. Länderwettbewerb Bayern /Oberfranken - Thüringen - Sachsen – Tschechien gefeiert.

1992 wurden durch eine neue Konzeption neben Schülern aus Sachsen auch Schüler aus Franken und Thüringen einbezogen. Außerdem kamen noch Schüler aus Böhmen hinzu.

So kann man sehen, dass der Adam-Ries-Bund auch heute noch Bedeutung hat, weil er flexibel ist und durch verschiedenste Aktivitäten, Ausstellungen, sowie durch den Film (uraufgeführt 2002 im Fernsehen): „Der Rechenriese. Auf den Spuren von Adam Ries"[46] und regelmäßig stattfindenden Kolloquien an Aktualität gewinnt.

---

[46] Quelle 15, S. 142

5. Anhang

5.1 Abbildungsverzeichnis

Abbildung 1: 2. Rechenbuch von Adam Ries, 1562

Abbildung 2: Titelblatt

1.Rechenbuch (1527)

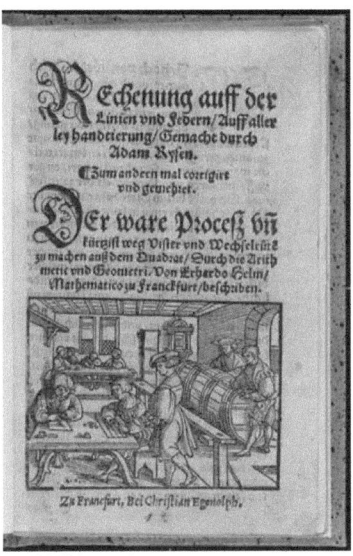

Abbildung 3:

Titelblatt: 2. Rechenbuch

Abbildung 4:

Titelblatt 1. Rechenbuch (1535)

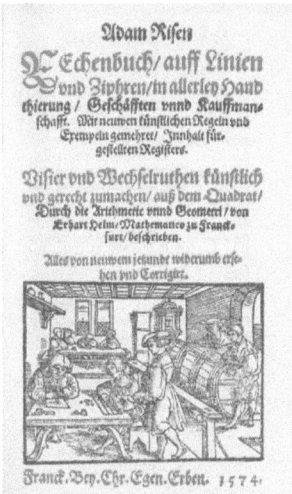

Abbildung 5: „Practica"

Titelblatt 3. Rechenbuch (1550)

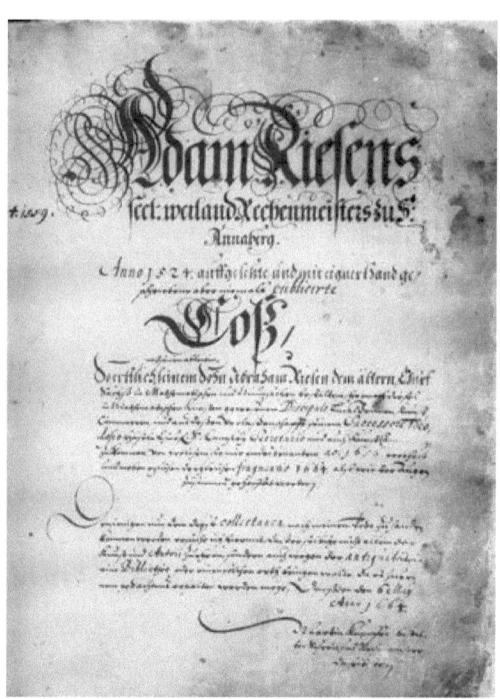

Abbildung 6: Die Handschriften zur Coß/Deckblatt der Coß

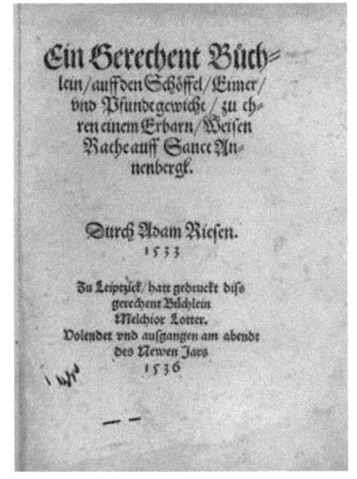

Abbildung 7: Deckblatt
Annaberger Brotordnung

Abbildung 8: Annaberger
Brotordnung (Adam-Ries-Bund)

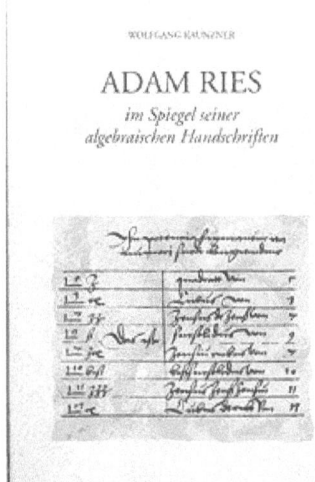

Abbildung 9:
Im Spiegel seiner algebraischen Handschrift

Abbildung 10: Verzeichnis
Adam-Ries-Drucke

Abbildung 11: Zertifikat eines Nachfahre von Adam Reis

Abbildung 12: Gedenktafel   Abbildung 13: Druckereiaufschrift

Abbildung 14: links Adam Ries Schule früher; rechts das heutige Adam Ries Museum

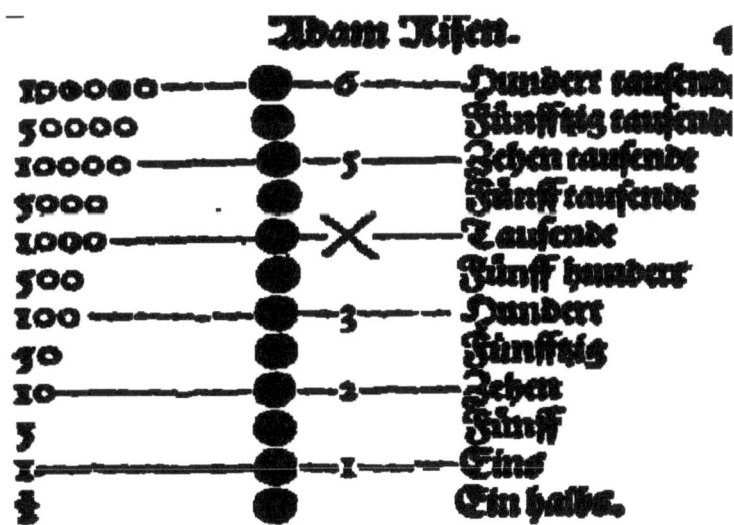

Abbildung 15: Abakus des Adam Ries´

Arithmetik, Geometrie und Algebra in der frühen Neuzeit

Veranstalter:
➤ Adam-Ries-Bund e.V.
➤ Stadtverwaltung Annaberg-Buchholz
➤ Landratsamt Erzgebirgskreis
➤ Fakultät für Mathematik der TU Chemnitz

Tagungsort:
Haus des Gastes „Erzhammer"
Buchholzer Straße 2
09456 Annaberg-Buchholz

Anmeldung und Organisation:
Adam-Ries-Bund e.V.
Prof. Dr. Rainer Gebhardt
PSF 100 102
09441 Annaberg-Buchholz

Tel: +49 37 33 22 186
Fax: +49 37 33 42 90 87
E-mail: info@adam-ries-bund.de
Internet: www.adam-ries-bund.de

Tagungsbüro:
Bis 10.04.2014:
Adam-Ries-Bund e.V., Johannisgasse 23.
09456 Annaberg-Buchholz
Di–So: 10.00–16.00 Uhr und
nach Vereinbarung.

Ab 11.04.2014, 8.30 Uhr: am Tagungsort

Um Anmeldung wird gebeten!

Programm:

Freitag, den 11.04.2014
09.00 Registrierung der Teilnehmer
09.30 Eröffnung
Prof. Dr. Rainer Gebhardt,
Vorsitzender des Adam-Ries-Bundes e.V.
Oberbürgermeisterin Barbara Klepsch,
Stadt Annaberg-Buchholz
Landrat Frank Vogel,
Landratsamt Erzgebirgskreis
Prof. Dr. Peter Stollmann, Dekan der Fakultät für Mathematik, TU Chemnitz

Moderation: Prof. Dr. Peter Stollmann
10.00 Dr. Ad Meskens, Antwerpen (B):
Die Antwerpener Rechenmeister
10.40 Prof. Dr. Stefan Deschauer, Dresden:
Die Welsche Praktik des Georg Wälckl aus Straßburg (1536) - "den verständigen genügsamlich erclärt"
11.10 Pause

Moderation: Prof. Dr. Stefan Deschauer
11.40 OStD a.D. Rudolf Haller, Bretten:
Valentin Mennher: „Practique brifue" von 1550
12.10 Prof. Ulrich Reich, Bretten:
Johannes Vögelin (um 1490–1549) und sein Lebenswerk
12.40 Dipl.-Ing. Richard Hergenhahn, Unna:
Thomas Schreiner, Schreib-und Rechenmeister zu Öl(l)mütz, und seine handschriftliche Aufbereitung von diversen Rechenbüchern anderer Autoren im Jahre 1602
13.10 Mittagspause

Moderation: Prof. Dr. Ulrich Reich
15.00 Doz. em. Christoph A. Schwengeler, Bolligen (CH):
Albrecht Dürer – Geometrie für Praktiker
15.30 Dr. Karl Röttel, Eichstätt:
Zur Kartographie Philipp Apians
16.00 Prof. Dr. Dr. h.c. Ivo Schneider, München:
Galileis Compasso geometrico e militare
16.30 Pause

Moderation: Prof. Dr. Dr. h.c. Ivo Schneider
17.00 Prof. Dr. Menso Folkerts, München:
Eine bisher unbekannte Schrift von Jost Bürgi zur Trigonometrie
17:30 Prof. Dr. Karin Reich, Berlin:
Joachim Ammonius' "Isagoge arithmetices" und Melanchthons Vorwort (1544)
Ende 18:00
18.30 30 Jahre Adam-Ries-Museum –
Empfang durch die Oberbürgermeisterin der Berg- und Adam-Ries-Stadt Annaberg-Buchholz

Samstag, den 12.04.2014
Moderation: Prof. Dr. Menso Folkerts
09.30 Dipl.-Math. Gunthild Storeck, Berlin:
Zahlentafeln in der Fassmessung des 15. Jahrhunderts
10.00 Mgr. Dagmara Špotáková, Trnava (SK):
Johann Hartmann Beyer, seine Visier-Kunst und Sprache
10.30 Prof. Dr. Rainer Gebhardt, Chemnitz:
Das Visierbuch von Christian Knödel
11.00 Pause

Moderation: Prof. Dr. Karin Reich
11.20 Jérôme Gavin, Petit-Lancy (CH);
Prof. Alain Schärlig, Bremen (CH):
Der falsche Ansatz im Wandel der Zeiten
11.50 Harald Gropp, Wiesbaden:
Claude-Gaspard Bachet de Mézi riac und die sog. Unterhaltungsmathematik
12.20 Dipl.-Math. Dieter Bauke, Gera:
"Das Problem der Methode" bei den Rechenmeistern der Frühen Neuzeit
12.50 Mittagspause

Moderation: Prof. Dr. Andreas Kühne
14.20 Prof. Dr. Edith Feistner, Regensburg,
Prof. Dr. Alfred Holl, Nürnberg:
Rechnen im Regensburg des 16. Jahrhunderts: Der Rechenmeister Johann Kandler und der Rechenschüler Bartholomäus Fuchs
14.50 Prof. Dr. Bernd Rüdiger, Markranstädt:
Rechenkundige: Das Wirkungsfeld des von Adam Ries erwähnten Leipziger Bürgermeisters Hans Stockart

Stand: 23.Februar 2014 Änderungen vorbehalten

Abbildung 16: Kolloquium 11.04. – 13.04.2014 Programm I

Samstag, den 12.04.2014
15.20 Uhrmachermeister Egon Weißflog, Raschau:
Der Uhrmacher Georg Werner aus Annaberg, Erbauer der Leipziger Rathausuhr von 1599.
15.50 Pause
Moderation: Prof. Dr. Bernd Rüdiger
16.20 Dr. Martin Hellmann, Wertheim:
De limitibus (Dresden, Codex C 80, fol. 154r-157r). Ein Abriss über die arabisch-lateinische Rechenkunst des Mittelalters
16.50 Prof. Dr. Barbara Schmidt-Thieme, Hildesheim:
Rechenkunst in Hildesheim
17.20 Prof. Dr. Andreas Kühne, München:
Die Braunsberger „Unterhaltungsmathematik" von Christoph Anton Ram aus dem Jahr 1699
17.50 Diskussion
19.00 Möglichkeit zur Teilnehme an einem Bergmannsessen mit musikalischer Unterhaltung im Markus-Röhling-Stolln

Sonntag, den 13.04.2014
Moderation: Prof. Dr. Barbara Schmidt-Thieme
09.30 Dr. Elena Roussanova, Leipzig:
Die ersten zwei Darstellungen der Algebra in Russland – ein Vergleich
10.00 Jens Ulff-Møller, PhD, Lyngby (DK):
The Oldest Icelandic Arithmetic Book
10.30 Prof. Dr. Oliver Pfefferkorn, Mannheim:
Die Rechenbücher von Georg Meichsner
11.00 Pause

Moderation: Prof. Dr. Rainer Gebhardt, Chemnitz
11.20 Prof. Dr. Georg Schuppener, Leipzig:
Paschier Goessens' Arithmetica Oder Rechenbuch'
11.50 Prof. Dr. Stefan Deschauer, Dresden:
Über den frühesten arithmetischen Druck im nördlichen deutschen Sprachraum - Erhardt von Ellenbogens Rechenbüchlein von 1524
12.20 Manfred Weidauer, Sömmerda:
Sprüche und Lebensweisheiten auf sächsischen Rechenpfennigen
12.40 Abschluss
14.00 Möglichkeit des Besuches des Adam-Ries-Hauses

Lage des Veranstaltungsortes:

ANNABERG-BUCHHOLZ
Altstadt

Einladung

zum wissenschaftlichen Kolloquium

Arithmetik, Geometrie und Algebra in der frühen Neuzeit

11.–13. April 2014
Annaberg-Buchholz

Gebühren:
Für die gesamte Tagung (11.–13.04.2014): 15,00 €
Ermäßigt für Mitglieder des Adam-Ries-Bundes e.V. und Studenten: 10,00 €.
Gebühr für die Teilnahme an nur einem Tag: 6,00 €, ermäßigt 4,00 €.

Die schriftliche Dokumentation der Vorträge liegt zur Tagung gedruckt vor und kann dort zum Subskriptionspreis von 15,00 € erworben oder vorab bestellt werden. (Späterer Preis voraussichtlich 18,00 €)

Übernachtungen:
Unterkünfte werden vermittelt durch:
Tourist-Information Annaberg-Buchholz
Buchholzer Straße 2
09456 Annaberg-Buchholz
E-Mail: tourist-info@annaberg-buchholz.de
Telefon: +49 3733 /19433 Fax: +49 3733 /425185
Mo-So: 10.00–18.00 Uhr

Online unter: www.annaberg-buchholz.de

Aktuelles Programm unter www.adam-ries-bund.de

Abbildung 17: Kolloquium 11.04. – 13.04.2014 Programm II

6. Quellen- und Literaturverzeichnis

6.1 Literaturverzeichnis

- **Quelle 1:** Adam Rieß vom Staffelstein; ISBN: 3-9802943-0-7
- **Quelle 2:** Gemeinnützige Mathematik/Adam Ries und seine Folgen, Hrsg. Jürgen Kiefer und Karin Reich; Acta Academiae Scientiarum 8 (2003); ISBN: 3-932295-56-0
- **Quelle 3:** Arithmetische und algebraische Schriften der frühen Neuzeit; Hrsg. Rainer Gebhardt; ISBN 3-930430-68-1
- **Quelle 4:** Adam Ries/ Des deutschen Volkes Rechenlehrer/ Sein Leben, sein Werk und seine Bedeutung; Hrsg. Willy Roch; Verlag Klaus Edgar Herfurth, Frankfurt/Main (1959)
- **Quelle 5:** Wege zu Adam Ries; Hrsg. Harmut Roloff und Manfred Weidauer; Heft 43; Dr. Erwin Rauner Verlag Augsburg; (2004) ISBN 3-936905-01-0
- **Quelle 6:** Silber und Kupferzehntrechnung von Adam Ries in Geyer für die Zeit vom 20. April bis zum 21. September 1538
- **Quelle 7:** Abschrift der Silber und Kupferzehntrechnung von Adam Ries in Geyer für die Zeit vom 20. April bis zum 21. September 1538
- **Quelle 8:** Heimatbeilage zum Amtlichen Schulanzeiger des Regierungsbezirks Oberfranken; Bayreuth, im September 1992; Adam Ries – sein Leben und sein Werk / von Wolfgang Kaunzner
- **Quelle 9:** Das macht nach Adam Riese; Die praktische Rechenkunst des berühmten Meisters Adam Ries/ Hrsg.Stefan Deschauer / Anaconda Verlag (Köln, 2012) ISBN 978-3-86647-731-5
- **Quelle 10:** Mathematik in Antike, Orient und Abendland / Hrsg. Helmuth Gericke / fourierverlag / ISBN 3-925037-64-0
- **Quelle 11:** Die Annaberger Brotordnung von Adam Ries; Hrsg. Rainer Gebhardt; ISBN: 3-930430-66-5
- **Quelle 12:** Zur Wirkungsgeschichte der Brotordnung von Adam Ries; Hrsg. Rainer Gebhardt (Hrsg.); ISBN: 3-930430-74-6
- **Quelle 13:** „Rechenung auff der Linien und Federn/ Auff allerley Handtierung/ Gemacht durch Adam Risen. Auffs new durchlesen vnd zu recht bracht. 1562.";

- **Quelle 14**: Arithmetik, Geometrie und Algebra in der frühen Neuzeit; ISBN 9783944217062; Adam-Ries-Bund e.V.

- **Quelle 15**: Adam Ries von Hans Wußing, 3. Auflage, ISBN: 978-3-937219-33-2,

- **Quelle 16**: „Adam Ries – Humanist, Rechenmeister, Bergbeamter" ISBN: 3-930430-00-2

- **Quelle 17**: Die Coß von Adam Ries, Gebhardt; ISBN: 3-8154-2082-2; 3-7281-2145-2;

- **Quelle 18**: Materialien & Studien zur Alltagsgeschichte und Volkskultur Niedersachens Heft 21, Gerhard Becker Das Rechnen mit Münze, Maß und Gewicht seit Adam Ries; ISBN: 3-923675-47-X

6.2 Bildquellenverzeichnis

- **Abb. 1:** http://bvbm1.bib-bvb.de/webclient/DeliveryManager?custom_att_2=simple_viewer&pid=141214

- **Abb. 2/3:** http://www.adam-ries-bund.de/kolloqiuen/Ana2014_3.pdf

- **Abb. 4/6:** http://www.adam-ries-useum.de/ausstellung/schatzkammer.html

- **Abb. 5:** http://www.adam-ries-museum.de/ausstellung/schatzkammer/coss.html

- **Abb. 12/13:** http://wikimapia.org/14057271/de/Haus-Zum-Schwarzen-Horn

- **Abb. 7/8/9/10/14:** http://www.adam-ries-bund.de/

- **Abb. 15:** http://www.alits-blog.de/geht-doch/

- **Abb. 16/17:** http://www.adam-ries-bund.de/kolloqiuen/Ana2014_3.pdf